走进中国民居

# 上海的弄堂

刘文文 著　梁灵惠 绘

電子工業出版社
Publishing House of Electronics Industry
北京·BEIJING

上海是近代中国最早开放的城市之一。早在 19 世纪中叶，上海就已成为通商口岸，来自国外的商船挤满了港口和码头，外国商人纷纷涌入，上海逐渐成为繁华的大都会。

上海的租界起先是外国人聚集居住的地方。租界里面很热闹，洋行林立，万商云集。

后来，越来越多的人涌向租界，居住成了大问题。

为了节约地皮，外国商人开发出一种住宅，高两到三层，一排排房子连立在一起，组成最具特色的民居建筑群——上海里弄住宅。

什么叫作里弄呢？五户为邻，五邻为里，“里”就是居民聚集的地方，“弄”是建筑之间的夹缝巷道，上海人也把它叫作“弄堂”。

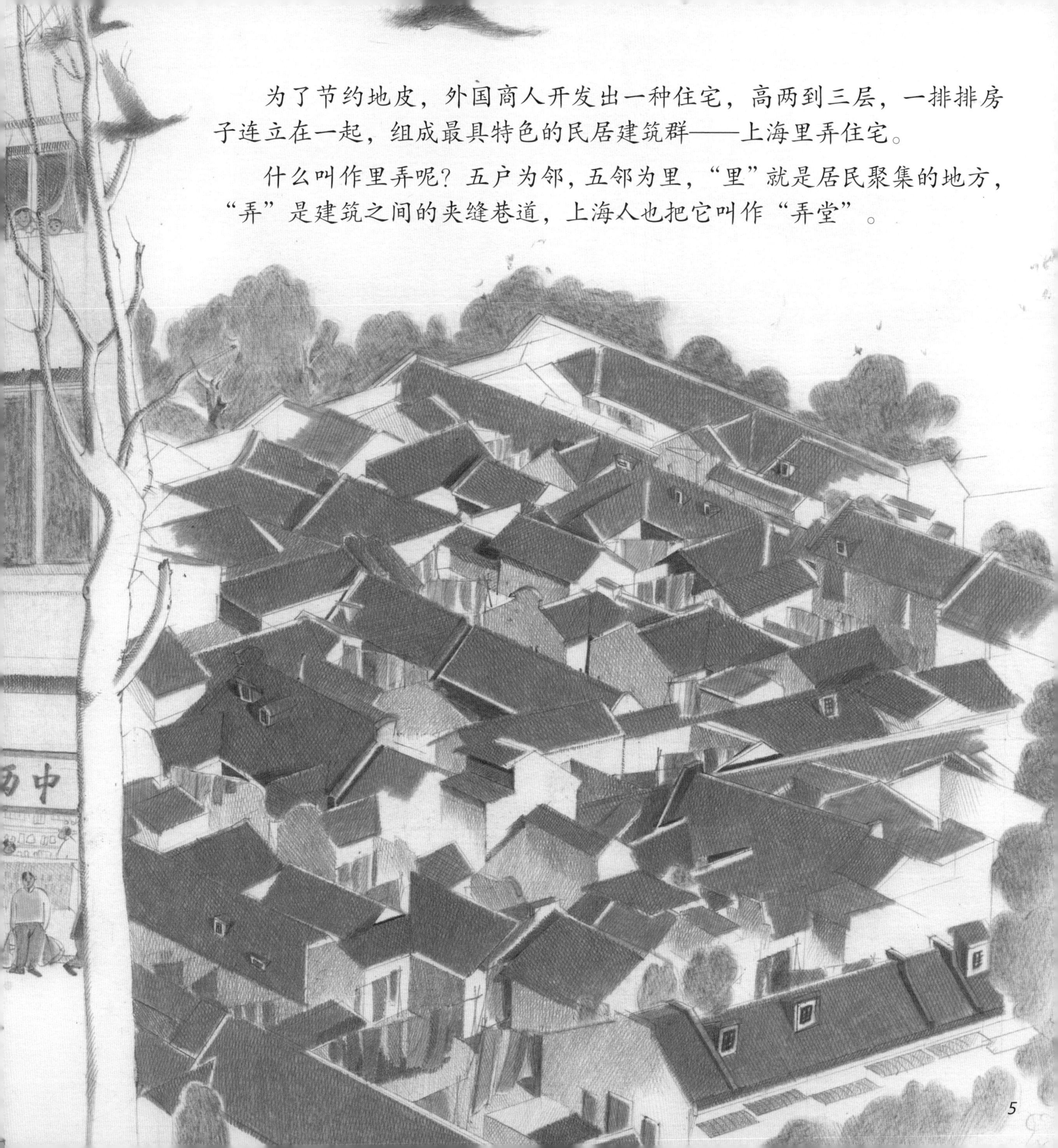

上海里弄住宅的特色是中西结合。这种住宅采用西方住宅行列式的排布，建筑装饰也充满了西洋元素。宽一些的总弄和窄一些的支弄穿起一排排的房屋。总弄连着马路，支弄通往各家。

弄堂里的路都用小石块铺筑，上海人叫“弹格路”，高跟鞋踩上去发出“笃笃”的声音。

50

弄堂里的住宅很像江南的天井院，就是规模小一些。院子里有四四方方的天井，天井两边是东、西厢房，正中是客堂间。客堂间朝里有扶梯，二楼的格局也差不多。这是极为宽敞的住宅，又称“三上三下”。更常见的是只天井一侧有厢房的两开间，和完全没有厢房的单开间，南北总长不过十三四米，布局相当紧凑。

石库门里弄的围墙特别高，前门是最显眼、最有特色的。黑色的木漆大门，周围是用石头箍的门框、门套，顶部还有精美装饰的门楣。

因为木门被石头紧紧箍住，所以俗称“石箍门”，上海话念出来就是“石库门”，因此后来大家干脆把这种住宅都叫作石库门了。

拉开黑漆大门上的铜环走进去，正对着浅浅的天井。四面被墙壁团团围着，抬头只见小小一块天空。密密匝匝的住宅全靠这天井透一口气。

天井里头可以晒衣服、晒被头，也能养花、种草，要活动却嫌局促，得开了门到外头弄堂去。

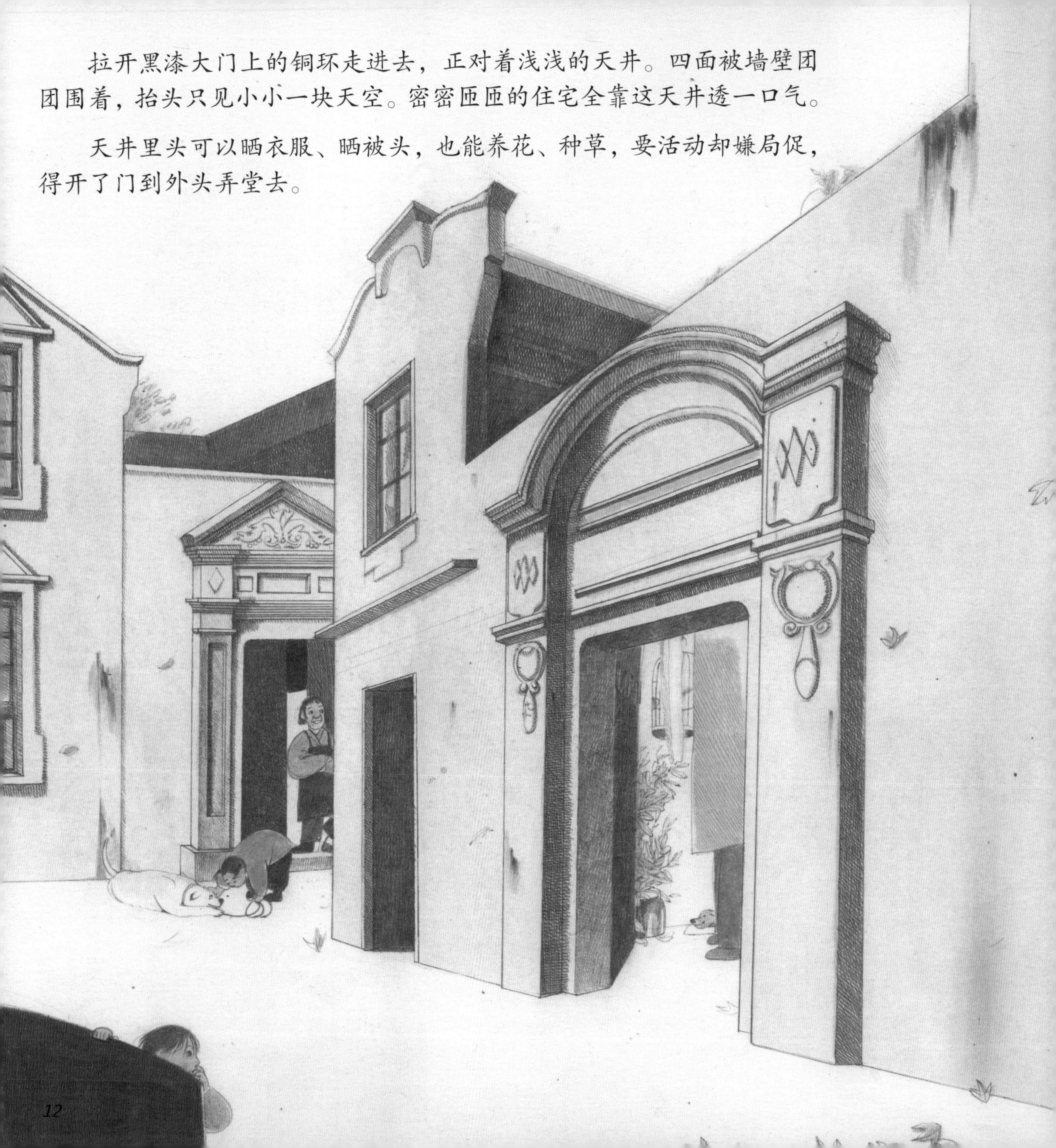

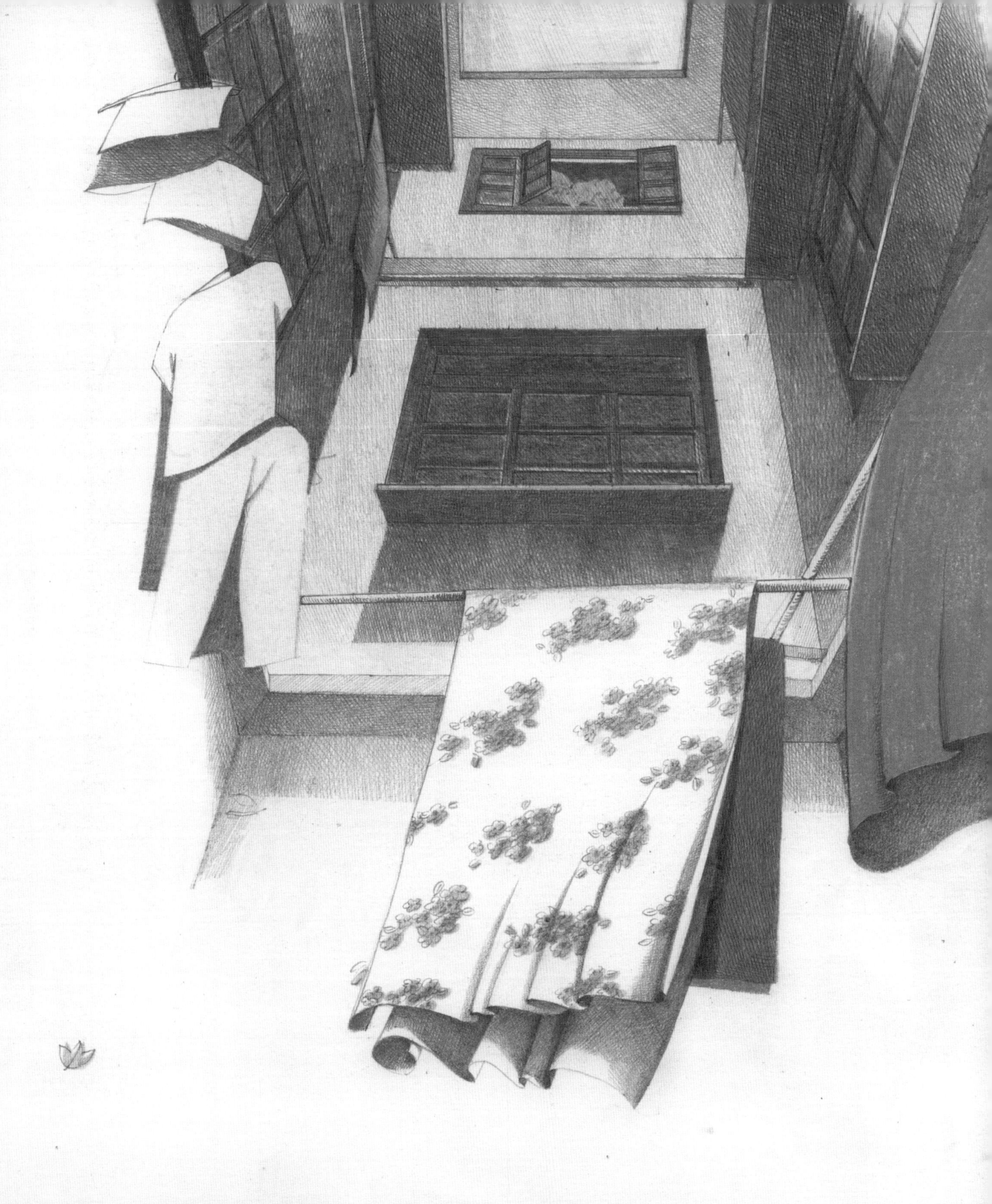

天井对着的就是石库门的客堂。石库门人家的客堂很讲究，木门扇是精雕细琢的，屋里铺着洋松地板，八仙桌上的收音机里多半放着苏州评弹。

客堂里暗幽幽的，外面墙头太高了，太阳老是在窗台上打转转，总也进不来。小孩子写作业时，常常要把大椅子、小椅子朝向客堂门口，借足天井的亮光。

客堂间后面是楼梯，楼梯后头是后天井和厨房。厨房叫做灶披间，因为最早是有灶台、有烟囱的。后来换成煤球风炉，大家也还是叫灶披间。

灶披间上面，一层半处的小房间是低矮的亭子间，房门开在楼梯半腰。

二楼朝南的房间是主卧，在客堂间上方，也叫作前楼。前楼与屋顶之间还有加建的阁楼，俗称三层阁；阁楼也要住人，于是在屋顶上开出“老虎窗”，方便阁楼的采光、通风。

上海的移民越来越多，住在里弄里的人也越来越多。一幢石库门里常常住着好几户人家。张家住前楼，李家住厢房，王家住在三层阁。

大名鼎鼎的亭子间，上头是光秃秃的晒台，下面是滚烫的灶台，光照不进，热散不掉，冬冷夏热，居住条件很是勉强。但是因为租金便宜，私密性也好，颇受欢迎。许多著名作家都曾住过亭子间，并在这里写下了他们早期的作品。

石库门里比较有特色的要属家具了。客堂间里摆放着不大的方桌，一家人早晚围坐用餐，闲暇时喝茶、搓麻将，是家庭社交和娱乐的中心。

卧室里出现了洋气的梳妆台——锃亮的玻璃镜子、精致的抽屉和柜子，代表着一种全新的、讲究的生活。

亭子间里的写字台也是新物件——是书案也是办公桌。大约从这时候起，书写、阅读和学习进入寻常百姓家，真正与市民生活融为一体。

石库门里住的人多，“七十二家房客”是夸张的说法。多户杂居，各家都默契地把生活扩张到公共区域。天井里有各家伸出的晾衣杆，走道里有一溜排开的水槽。

灶披间也是公用的，炉子、碗柜、高橱，各家都有自己的领地。李家阿姨包馄饨，送各家一碗；张家阿婆摊了草头饼，给大家尝尝。不知谁家灶上饭烧糊了，也有人帮着端开。

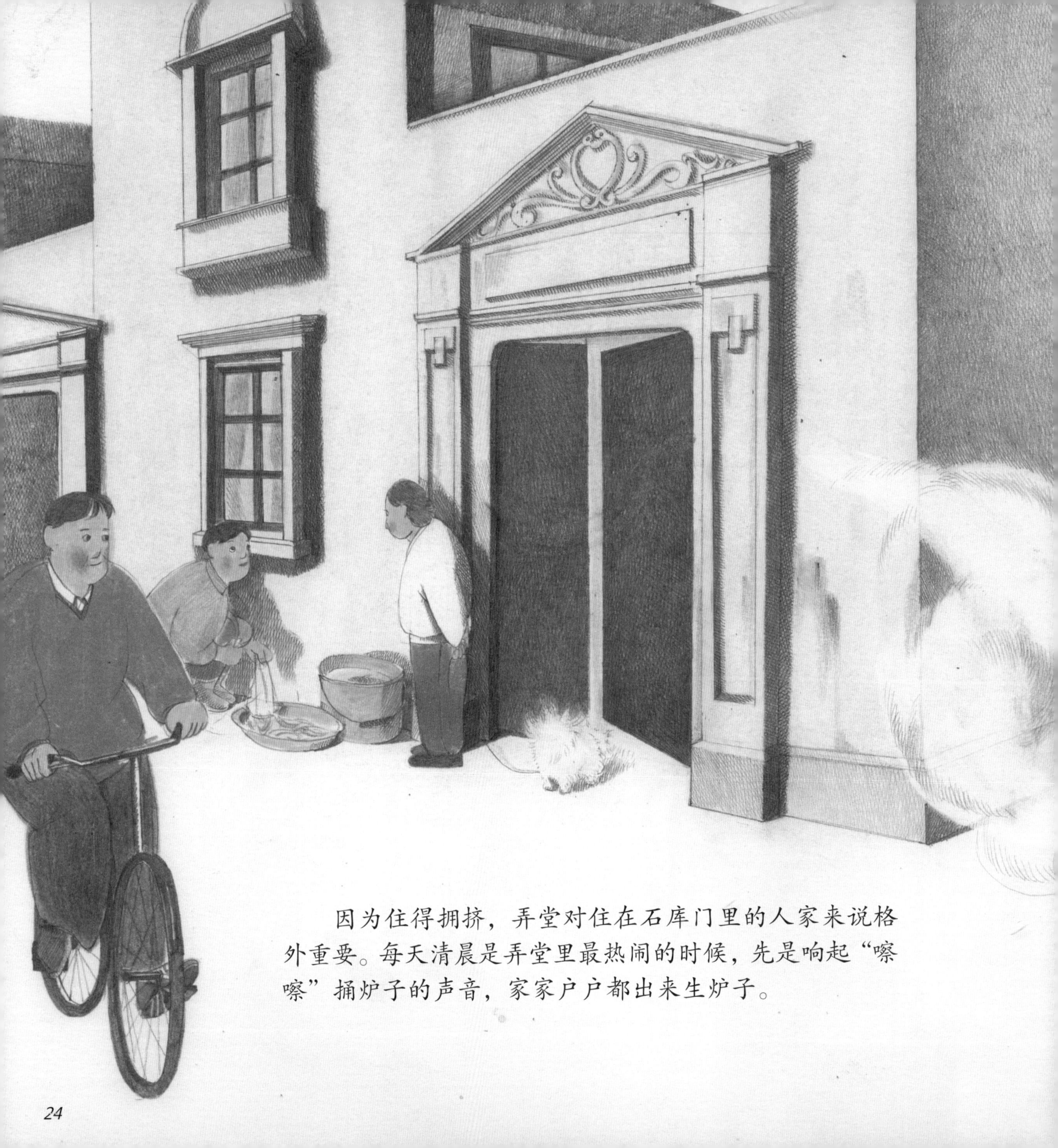

因为住得拥挤，弄堂对住在石库门里的人家来说格外重要。每天清晨是弄堂里最热闹的时候，先是响起“嚓嚓”捅炉子的声音，家家户户都出来生炉子。

煤烟缭绕中又响起小贩的叫卖声："青菜、菠菜、草头！"操持生活的太太赶紧出门，一边挑拣小菜一边讨价还价。过一会儿又有背着书包的孩童和骑自行车的年轻人，匆匆穿过弄堂，上学或上工去了。

安福里
公用
电话
平安里

弄堂是孩子们最好的游戏场所。“笃笃笃，卖糖粥，三斤胡桃四斤壳，吃侬格肉，还侬格壳，张家老伯伯，问侬讨个小花狗……”孩子们唱着愉快的歌谣，在弄堂里嬉戏。

拍刮片、丢手绢、打弹珠、跳房子、跳皮筋、踢毽子……游戏花样层出不穷。孩子们放学回来，或夏夜里吃过晚饭，安静的弄堂就变得热闹起来，到处可以听到孩童们的嬉戏声和欢笑声。

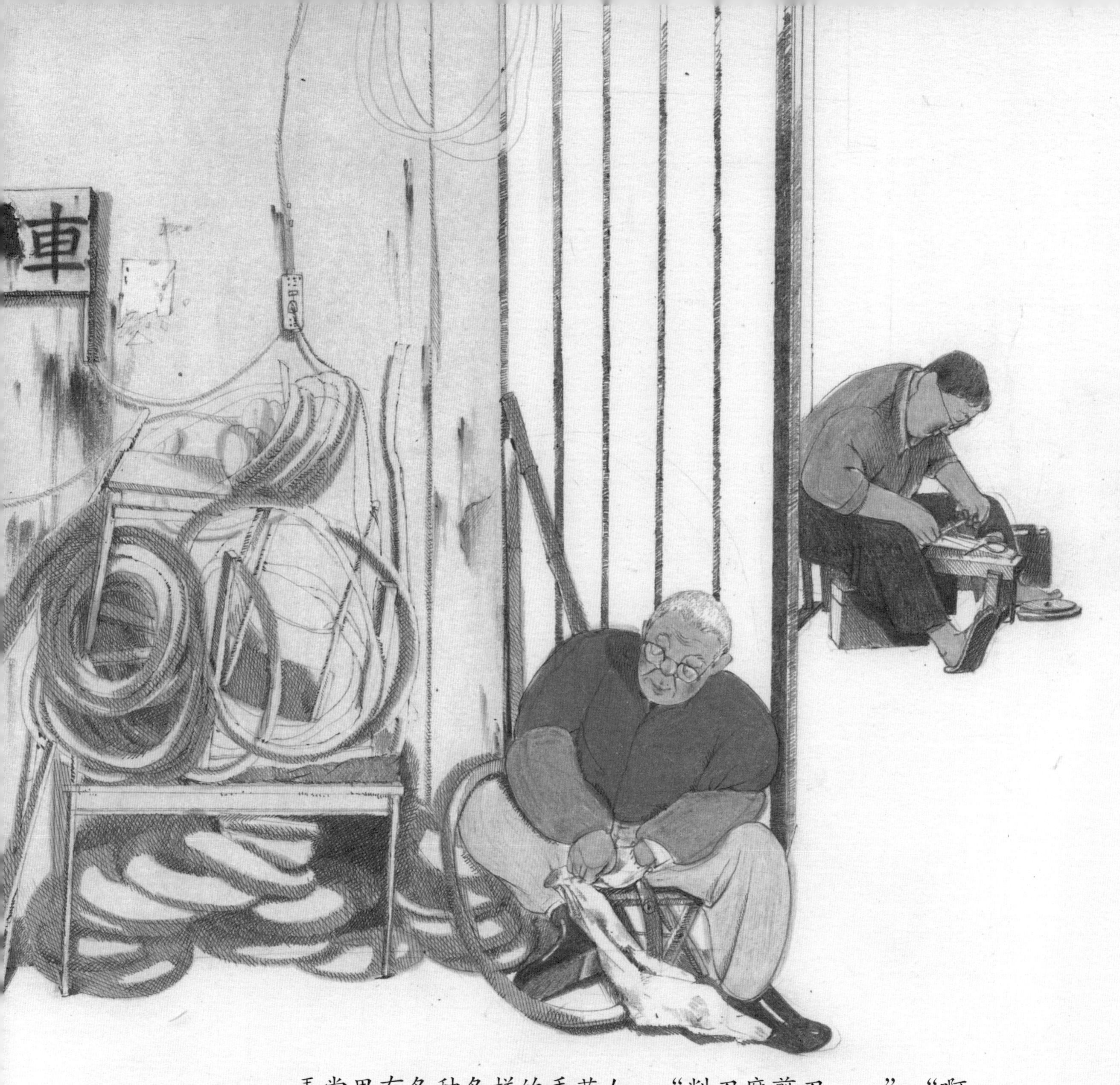


弄堂里有各种各样的手艺人。“削刀磨剪刀——”“啊有啥坏的阳伞修哇？”“坏的橡皮套鞋修哇？”——小贩们挑着板凳和水桶，边走边吆喝。

还有修伞匠、箍桶匠、收旧货的人……这些外乡人走街串巷，苏北腔、无锡腔回荡在小小的弄堂。有需要的人家把要修补的东西拿出来，弄堂里就会出现一个个临时的修理摊。

弄堂的入口，上海人叫弄堂口。上边是过街楼，连着两边的建筑；下边就是进出弄堂的通道。

弄堂口有各色各样的小商店、烟纸店、裁缝铺、老派的听书场、洋气的面包店。过街楼下面也挤满了小摊位，修鞋摊、旧书摊、公用电话间。光顾的都是街坊四邻，大家相互招呼，亲热又客气。

弄堂口最常见的是烟纸店，主营香烟和草纸，其实什么都卖，有点儿像今天的便利店，货品齐全，价格实惠。另一种常见的是老虎灶，就是卖熟水的小商店。石库门住得拥挤，自家烧水也不方便，而老虎灶用大灶烧热水，两分钱就能泡两大瓶，因此顾客很多。

尤其傍晚的时候，大家都来泡热水，一边排队一边天南海北地聊天。后来有了燃气灶，烧水做饭大大方便，老虎灶慢慢衰落，最后彻底绝迹。

上海最多的时候曾有几万条弄堂，这些弄堂接纳了从各地涌入上海的新移民，也成为了上海这座城市多元与包容的重要象征。

随着城市建设的发展，大片的弄堂或是已经消失，或是隐没在了高楼之下，成为繁华城市的背景。不过在上海人心中，总有那样一条老弄堂：弄堂墙上月影绰绰，纱窗帘后灯光婆娑，远处传来软糯悠长的叫卖声——“白糖莲心粥，桂花赤豆汤。”

**图书在版编目（CIP）数据**
走进中国民居. 上海的弄堂 / 刘文文著；梁灵惠绘. -- 北京：电子工业出版社, 2023.1
ISBN 978-7-121-44605-4

Ⅰ. ①走… Ⅱ. ①刘… ②梁… Ⅲ. ①胡同－上海－少儿读物 Ⅳ. ①TU241.5-49

中国版本图书馆CIP数据核字（2022）第226510号

责任编辑：朱思霖
印　　刷：北京瑞禾彩色印刷有限公司
装　　订：北京瑞禾彩色印刷有限公司
出版发行：电子工业出版社
　　　　　北京市海淀区万寿路173信箱　邮编：100036
开　　本：889×1194　1/16　印张：18　字数：46.2千字
版　　次：2023年1月第1版
印　　次：2023年4月第2次印刷
定　　价：168.00元（全6册）

凡所购买电子工业出版社图书有缺损问题，请向购买书店调换。若书店售缺，请与本社发行部联系，联系及邮购电话：（010）88254888，88258888。

质量投诉请发邮件至zlts@phei.com.cn，盗版侵权举报请发邮件至dbqq@phei.com.cn。

本书咨询联系方式：（010）88254161转1859，zhusl@phei.com.cn。